神奇动物在哪里

猛兽

[法] 埃米莉·博莫尔◎著

杨晓梅◎译

吉林科学技术出版社

最早的猫科猛兽

地球上的第一批猫科动物出现在5000万年前。它们有着一个共同特点：嘴巴里长着2颗巨大的犬牙，锋利，略弯曲，长度较长，如同2把小匕首。它们在捕捉猎物时必须将嘴巴大张。第一批猫科猛兽有着强壮的脖子，能帮助它们杀死猎物。

刃齿虎

对它们化石的研究让我们知道这种猫科动物体形比狮子略小，生活在北美洲广袤的草原上。在洛杉矶附近，科学家们发现了许多完整的骨骼。

巨颏虎

它的灭绝可能与气候变化有关，也可能是人类的捕猎活动导致它失去了食物的来源。

刃齿虎常常攻击野牛与猛犸象，虽然后者的体形要大得多，却无法抵抗这位强大的猎手。

剑齿虎

剑齿虎与刃齿虎很像，长着军刀一般的牙齿。它生活在欧洲、非洲与亚洲。凭借长度10～14厘米、超出下颌的牙齿，它可以捕杀羚羊与三趾马。

狮子

狮子生活在非洲与亚洲大陆，是可怕的猎食者。雄狮以美丽的鬃毛而闻名。狮子喜欢集体生活。狮子只吃肉，它的胃无法接受其他任何食物。因此，它会攻击瞪羚、斑马，有时甚至会攻击大象。捕猎的行为很残酷，但这也保证了生态平衡。举个例子：如果狮子不吃掉瞪羚，那么过度繁殖的瞪羚会吃掉大部分草，导致其他食草动物饿死。

母狮的捕猎课

狮子宝宝过着集体生活。在狮子家族中，妈妈负责寻找食物，爸爸负责监视领地。刚出生的小狮子不会捕猎。妈妈将教会它们如何出其不意地杀死猎物。2岁时，小狮子就可以自己去捕猎了。对于狮子来说，学习捕猎是一门必修课。

狮子吼

狮子可以发出巨大的吼声，能传到很远的地方。它的吼声是为了告诉其他狮子它的存在，不要冒犯它的地盘！

爱睡觉的狮子

捕猎归来后，狮子常常在树荫下小憩。有时，它也会爬到树上休息，躲避讨厌的苍蝇、蚊子和其他昆虫。

雄狮的美餐

雄狮吃饭时不喜欢别人的打扰。虽然抓到猎物的不是它，但第一个享用大餐的永远是它。有时，小狮子会被食物引诱而靠近，但等待它的总是雄狮的巨爪与吼声。其他狮子必须在一旁等待，直到雄狮用完餐后才能轮到它们。

猎豹

它美丽优雅，纤细的长腿与小巧的脑袋让它成为了天生的奔跑者。它是在陆地上奔跑最快的动物，奔跑速度可以达到110千米/时，但无法保持很久，因为很快就会筋疲力尽。它凭借速度向猎物进攻：悄无声息地靠近，冲上去，然后用强有力的牙齿咬住猎物脖子，让它窒息。猎豹主要生活在非洲稀树草原与亚洲草原。

捕猎技巧

猎豹有时与其他同类合作，有时独自捕猎。独自捕猎时，它会选择野兔、豺这样的小型动物为目标。集体捕猎时，它会攻击斑马、瞪羚这类大型的动物。猎豹先缓慢地靠近，然后全速冲向选中的猎物。

妈妈照顾孩子

猎豹妈妈每胎可以生下3～4个宝宝，独自将它们抚养长大。出生时，小猎豹什么也看不见，也不会走路。它们的腹部是黑色的，背部有美丽的白色鬃毛。幼年猎豹喜欢爬树，长大一些后，它们反而不会爬树了，因为它们的爪子会随着时间变钝。

妈妈非常关注幼崽们的情况，经常变换它们的藏身地点，避免鬣狗、狮子或非洲豹来攻击落单的小猎豹。当它们长大到可以轻松跟上妈妈的行动后，妈妈就会开始教授它们捕猎技巧。

大胃王猎豹

饥饿时，猎豹可以在短时间内吃掉一整只瞪羚。吃饱后，它会把剩下的猎物让给豺、鬣狗或秃鹫。这些动物总是围着猎豹打转。

脆弱的猎手

猎豹并不是耐力型选手。猎物常常可以成功逃脱，因为猎豹的冲刺只能持续几百米。抓到猎物后，它要休息一会儿才能开吃，因为需要从奔跑中恢复过来。它还要赶紧将抓到的猎物藏起来，避免其他虎视眈眈的对手趁它疲惫时出击抢走食物。

非洲豹

非洲豹身上的斑点很像地上的落叶，这让它可以轻轻松松地隐藏在高高的草丛里。它是技巧高超的捕猎者。它有时从藏身的树枝上跳下来冲向猎物；有时匍匐着靠近猎物，再全速向它冲去。它的口中长着4颗匕首一般的尖牙。无论是热带森林、稀树草原，还是沙漠，我们都能见到它的踪影。

厉害的猎手

白天的大部分时间，非洲豹都在睡觉，所以晚上自然成了它寻找猎物的时间。绝佳的视力让它可以在微弱的光线下行动自如。它通常独自捕猎，攻击一切移动的生物，从小小的蝎子到比它体形更大的羚羊。非洲豹是可怕的猎手，有着强大的力量。当它被狮子盯上时，即便是咬着一头羚羊，也可以全速爬到树上。

母豹一胎可产下1～6头幼崽，但能顺利存活下来的不多。一开始，母豹常常会与孩子们待在一起。哺乳时，每头幼崽吸吮的乳头是固定的，因为上面留有自己的气味。这样一来，即便兄弟姐妹都饿了，大家也不会打架。

吃饱后，非洲豹通常会爬到树上打盹儿，四肢垂在空中，舒舒服服地享受时光。

餐桌？不，是餐树

非洲豹常把猎物带到树上，悠闲地享用美味，以避开天空盘旋的秃鹫。秃鹫常常会引来鬣狗或狮子等其他猎食者。

非洲豹还是专业的游泳运动员，常常把家安在河道边。

黑豹

地区与气候不同，豹的毛色也不同。黑豹很罕见，主要生活在非洲。

老虎

它是猫科动物里个头最大的：从头到尾的长度可以超过2.8米，站立时的高度超过1米，体重最多可以达到300千克。它主要生活在亚洲。老虎是独行侠，只有发情时才成双成对，但很快雄性老虎就会抛弃家庭，让雌性老虎独自抚养孩子。

馋嘴的猎手

老虎通常在夜间捕猎。超凡的视力让它可以在黑暗中发现猎物的踪影。它的猎物种类繁多：猴子、野猪、羚羊、水牛、鹿、鱼、蛇、乌龟……不过它最爱吃的还是豪猪，但用餐时要小心豪猪背上的刺。

下水吧

老虎讨厌炎热。天气太热时，它会毫不犹豫地跳到水中凉快一下。它的领地通常靠近水源。

老虎会悄悄地靠近猎物，突然冲过去，杀死猎物，然后将它带到安全的地方，安静地享用大餐。老虎一次可以吃下40千克的肉。

聪明的小老虎

老虎妈妈一次可以生下3～4头幼崽，走到哪儿都会带着它们，通常把它们叼在嘴里。妈妈常常陪着宝宝们游戏。1岁后，妈妈会带回来受伤的猎物，供小老虎们学习捕猎技巧。然后，它们要学习如何跟踪猎物，如何悄悄地靠近。2岁后，小老虎就要独自捕猎了。

美洲豹

美洲豹生活在南美洲的森林里。它周身的毛色呈黄底玫瑰形黑点，但没有两只美洲豹的被毛是一模一样的。人们还发现过黑色与白化的美洲豹。美洲豹是可怕的猎手，既会攻击鸟类、蜥蜴、蛇这样的小型动物，也会捕杀鹿这类大型动物。它常常躲在树上，窥伺着猎物的情况。

守护

美洲豹会不计一切代价守护自己抓到的猎物或领地。如果另一头美洲豹想偷走食物，肯定会被攻击。这样的冲突有时会很血腥，甚至导致死亡。美洲豹无法发出吼叫，但被攻击时会发出低沉的声音。

强壮的美洲豹

美洲豹与非洲豹一样灵巧，习惯独自狩猎。它速度极快，常常攻击农场附近的羊群。它很强壮，可以毫不费力地把大型猎物拖行很长一段距离。它还擅长爬树，可以藏在茂密的树叶间，耐心地等待猎物，或追击猎物一直追到树上。它不挑食，无论是小鱼还是水豚，都是它的盘中餐。

美洲豹是南美洲体形最大的猛兽。它的身长可以达到2米，身高在45～75厘米。由于森林面积减少以及牧民对养殖动物的保护，这种猫科动物已经濒临灭绝。

喜欢水的美洲豹

美洲豹经常泡在水里。它是游泳高手，为了变换领地常常游到河的另一边。有时，它会站在石头或树上，用爪子拍晕水里的鱼，然后饱餐一顿！

美洲狮

这是一种优雅的动物，神秘而孤独，生活在美洲大陆。它是经验丰富的猎手，经常出其不意地向猎物发起攻击。它可以长时间躲在树后或岩石后，耐心等待捕杀猎物的最好时机。

它适应环境的能力很强，无论是高山、森林还是干旱的地区，都可以生活。

与妈妈待在一起

在宝宝2岁以前，妈妈的目光都不会离开它们。美洲狮宝宝生下来就一身斑点。它们的大部分时间用来玩耍，在树干上磨爪子、磨牙。美洲狮成年后会离开家，独自寻找新的领地。此后，它会彻底忘记它来自哪里。即便又遇到了从前的兄弟，它也认不出来。

广袤的领地

雄性美洲狮的领地很大，但习惯独自生活。有时，同一片领地里会有好几头雌性美洲狮。美洲狮寻找食物时，可以行进50～80千米。美洲狮几乎不会一直待在同一个地方，除非抓到了大型动物。那样的话，它会停留2～3天，直到把食物完全消灭。

保卫领地

美洲狮的攻击性较强。有时，它能容忍其他同类路过它的领地，但绝不能停留太久。否则，它一定会向入侵者发起攻击，不留情面，结局通常以一方的死亡而告终。赢家会把输家当作食物吃掉。

美洲狮的爪子很大，这样可以避免陷入雪中或沙中。它常常在这样的地形上捕猎。

把猎物埋起来

美洲狮通常会攻击野兔、浣熊或松鼠这样的小型动物，不过有时也会攻击山羊与绵羊。冬天时，它会攻击体形比它更大的动物。美洲狮很强壮，可以在雪地里拖行比它重3倍的猎物。美洲狮常常会把猎物埋起来，饿了再回来，直到把猎物彻底吃光。

小型猫科

薮猫、狞猫、虎猫是中等体形的猫科动物，体重不会超过20千克。它们主要在夜间捕杀小型动物。

它们生活在不同的环境里：薮猫生活在非洲大草原上，狞猫生活在非洲与亚洲的草原或沙漠上，虎猫生活在南美洲的沼泽与森林间。它们都是爬树高手，遇到危险时可以快速地爬到树上避难。

虎猫

这种美丽的猫科动物长着灰色、棕色或黄色被毛，上面有黑色斑点，成双成对地生活在热带森林里。雄性与雌性共同捕猎，它们会攻击鸟类、小型哺乳动物。过去，人们长期为了它美丽的皮毛而捕杀它，如今它变成了保护动物。

狞猫

狞猫是出色的猎手，可以高高跳起，一爪逮住降落或起飞时的鸟类。它可以爬到树的最顶端，抓住停在那里的鹰。它还会攻击体形比它更大的动物，如小羚羊。雌性狞猫一次可生下2～4只幼崽，放在天然地缝里或其他动物舍弃的巢穴里。

在非洲，狞猫也被叫作“沙漠猞猁”，因为它的耳朵与猞猁一样长着长毛。

狞猫从头到尾的长度不会超过1.3米。

虎猫从头到尾的长度短于1.5米。

薮猫

薮猫主要以小型啮齿类动物为食，也吃蛇、青蛙、蜥蜴、鱼，偶尔捕食小羚羊。它又宽又尖的耳朵让它可以轻松地定位猎物，然后悄悄靠近，冲过去，用爪子将猎物拍晕。

薮猫的身长（包括尾巴）在1.5米左右。它的警戒心很强，不会让其他动物轻易靠近。它常常消失在茂密的草丛里。当它被吓到时，会绕着弯大跳跑掉。即使休息时，它也会警戒地看着周围。它最害怕的是豹、鬣狗与非洲野犬。

猞猁

这种动物体形中等，尾巴短，很像一只大猫。它生活在美洲与欧洲的针叶林。它的被毛颜色会随着季节而变化：冬天是灰蓝色，夏天是棕红色。它的特征是耳朵尖上长着长毛。猞猁虽然并不高大，但会攻击比它更大的动物，如驼鹿。它有着绝佳的视力与听力，在寻找食物时很有用。

孤独的猎手

猞猁在夜间捕猎。它攻击小型啮齿类动物、野兔与鸟类。饿极时，它会攻击鹿。冬天，它以岩羚羊、西方狍为食。猞猁只吃自己抓到的猎物，从来不吃死于其他动物之手的猎物。它耐力好，可以一次行进20千米。追击猎物时，它可以一步跳跃5米以上的距离。猞猁喜欢独来独往，无法忍受领地里出现第二只同类。只有在发情期，雄性才会去寻找雌性。

喜欢地面的猞猁

猞猁的领地很大，它擅长爬树，但它很少从树上攻击鸟类。更喜欢在岩石下或倒在地上的树干旁打盹儿。

宽大的爪子让它可以在冰面上轻松行走，不会陷入雪中。

鬣狗

根据被毛颜色，鬣狗可以分为3种：体形最大的斑点鬣狗、唯一在沙漠生活的棕鬣狗及条纹鬣狗。它们成群结队地生活在领地里。它们的外形很有特点，后半身似乎永远拖在地上。它们通常以水牛、瞪羚等大型动物的残骸为食，但也可以捕猎比自己体形大的动物，如斑马、角马。

狩猎中的鬣狗

它们成群结队地狩猎，通常在夜间行动。它们先小心翼翼地靠近斑马或角马群，同时骚扰、纠缠其中几只，再不断跑上去撕咬，直到猎物筋疲力尽，脱离大群体。待这一刻来临时，所有鬣狗会一拥而上，疯狂地追击，可怜的猎物只能束手就擒。等朝阳升起时，猎物便只剩下残屑了。

鬣狗身上的黑色斑点会随着时间流逝变得越来越模糊。

当食物来源很丰富时，鬣狗群的数量可以达到50只之多，领地面积可以达到1000平方千米。

独自狩猎时，鬣狗会攻击野兔、鸟类、鱼类、小型啮齿动物，也会趁其他大型食肉动物（狮子、猎豹等）不注意时偷取它们的食物，甚至攻击它们的幼崽。

母系社会

在鬣狗群中，雌性占据了领导地位，指挥雄性与幼崽行动。另外，雌性鬣狗比雄性更大、更重。首领死亡后，首领位由它的女儿来继承。如果它有两个女儿，则姐妹之间要进行决斗，直到其中一方死亡为止。

鬣狗托儿所

与其他的猫科动物一样，鬣狗幼崽也是由母亲来抚养。小鬣狗出生时全身都是黑色的，没有斑点。两三个月后，来自不同家庭的小鬣狗会被放在同一个巢穴里，但它们只有听到自己妈妈的声音时才会出来活动。

笼子里的猫科猛兽

许多狮子、老虎、非洲豹等猫科猛兽生活在马戏团或动物园的笼子里。然而，这些动物天生不应该生活在这样的环境中，它们需要自由的生活与广阔的领地。通常，笼子里的“大猫们”眼神忧郁、行动迟缓、常常睡觉，就好像被击败的战士一样沮丧。在马戏团里，人们更愿意训练在笼子里出生的猛兽，因为它们更加温顺。

动物园里的猛兽

在动物园里，动物们要在公众面前展出。不过有些动物园会在有限的空间里尽量还原动物的野外生存环境。而且近些年来，不少动物园加入了保护濒危动物的行列，将新出生的动物放归野外。

动物园里的狮子不得不习惯每天被参观的生活，习惯人类的存在与野外没有的噪声。